SPACE
Activity Book
FOR KIDS!

Discover This
Amazing Collection
Of Space
Activity Pages

Bold Illustrations
COLORING BOOKS

Activity 1

START

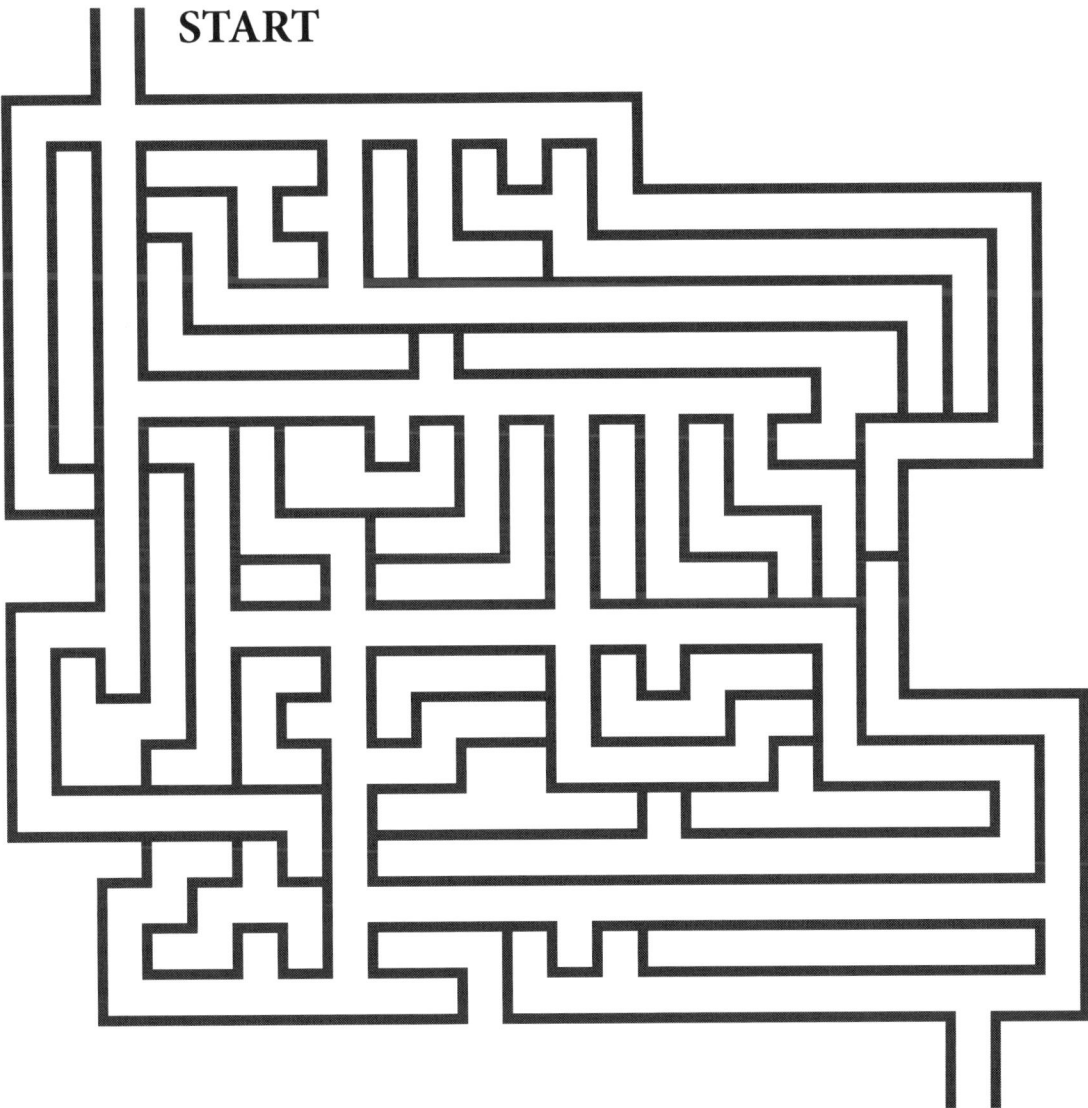

FINISH

Activity 2

START

FINISH

Activity 3

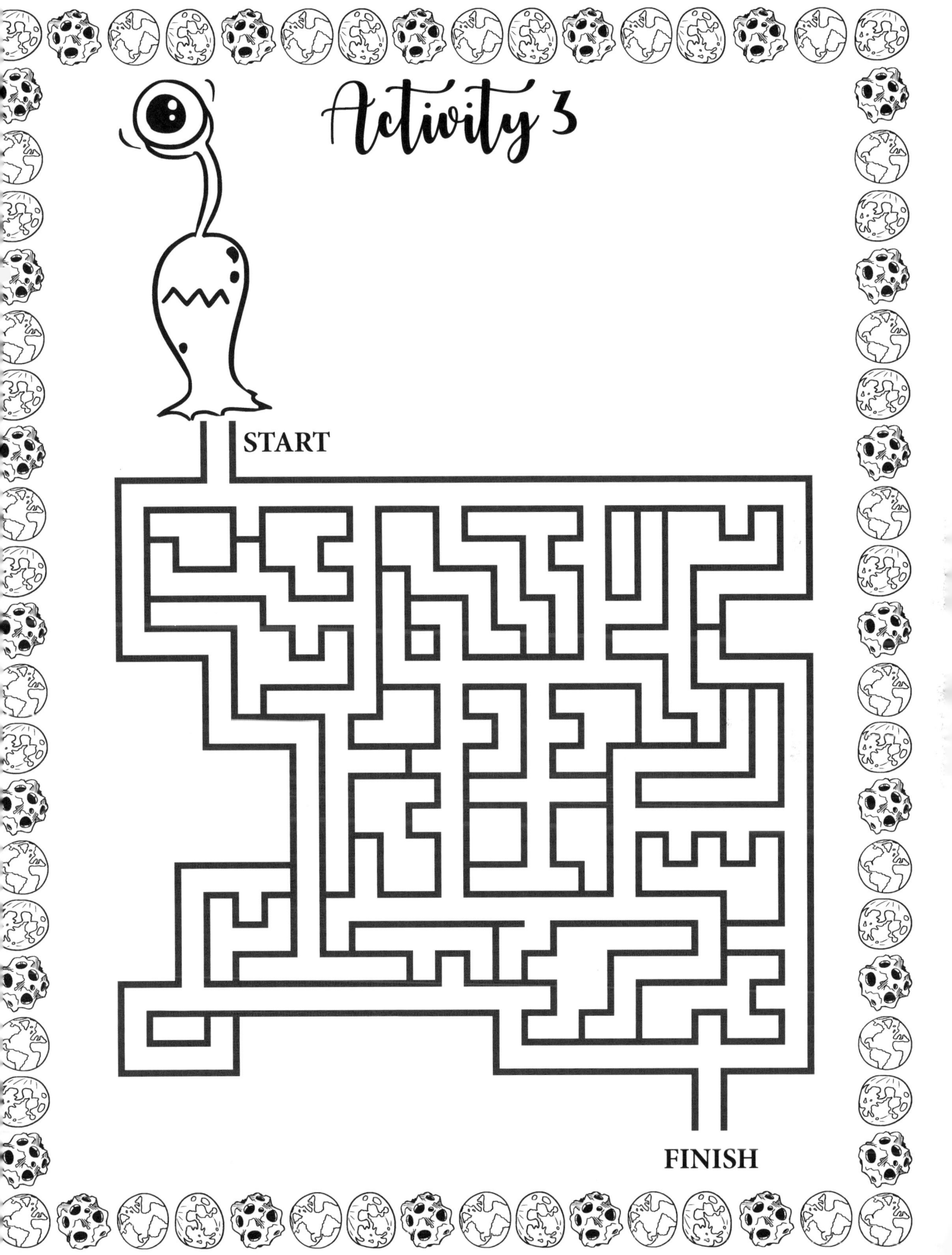

START

FINISH

Activity 4

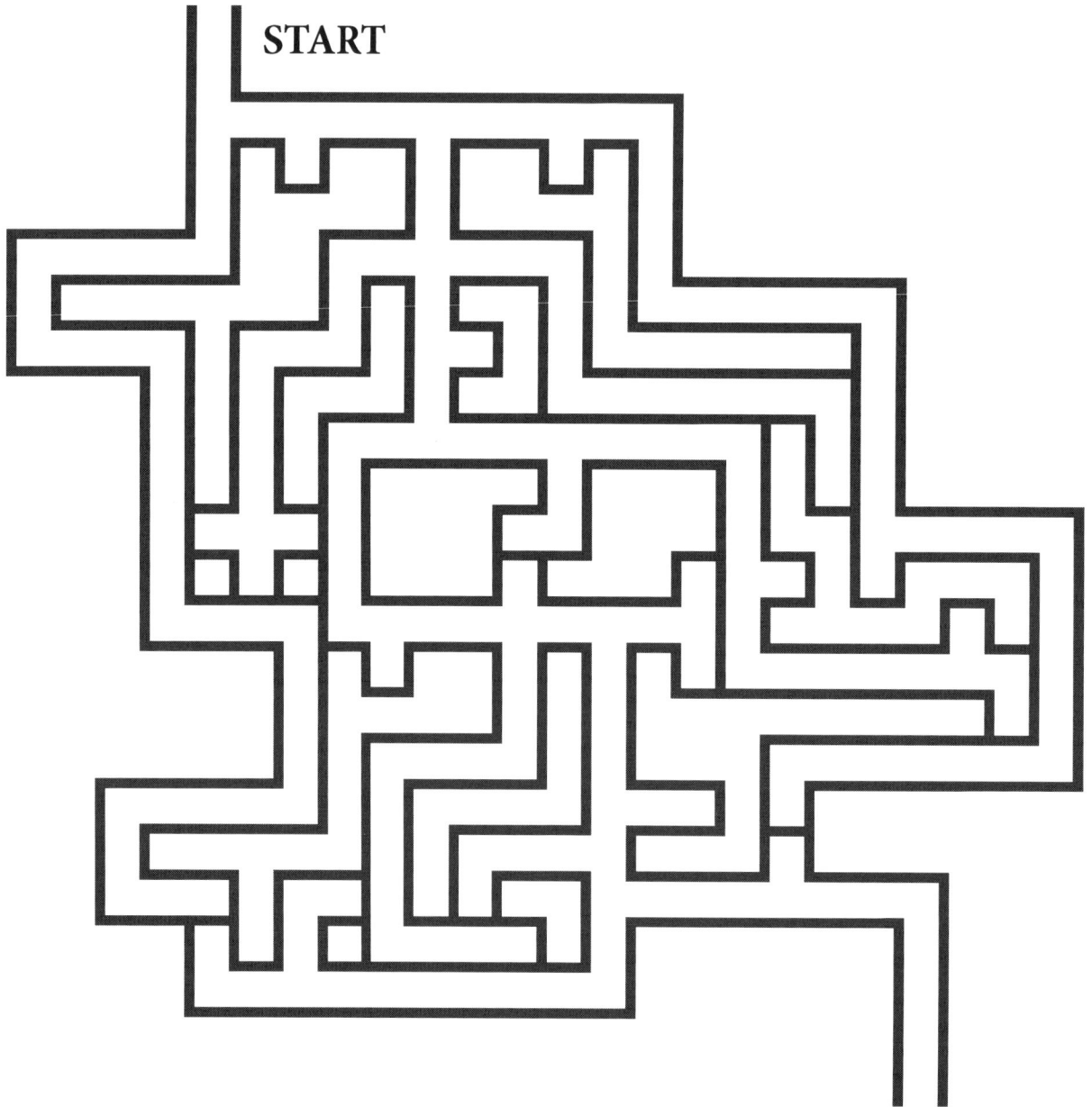

START

FINISH

Activity 5

START

FINISH

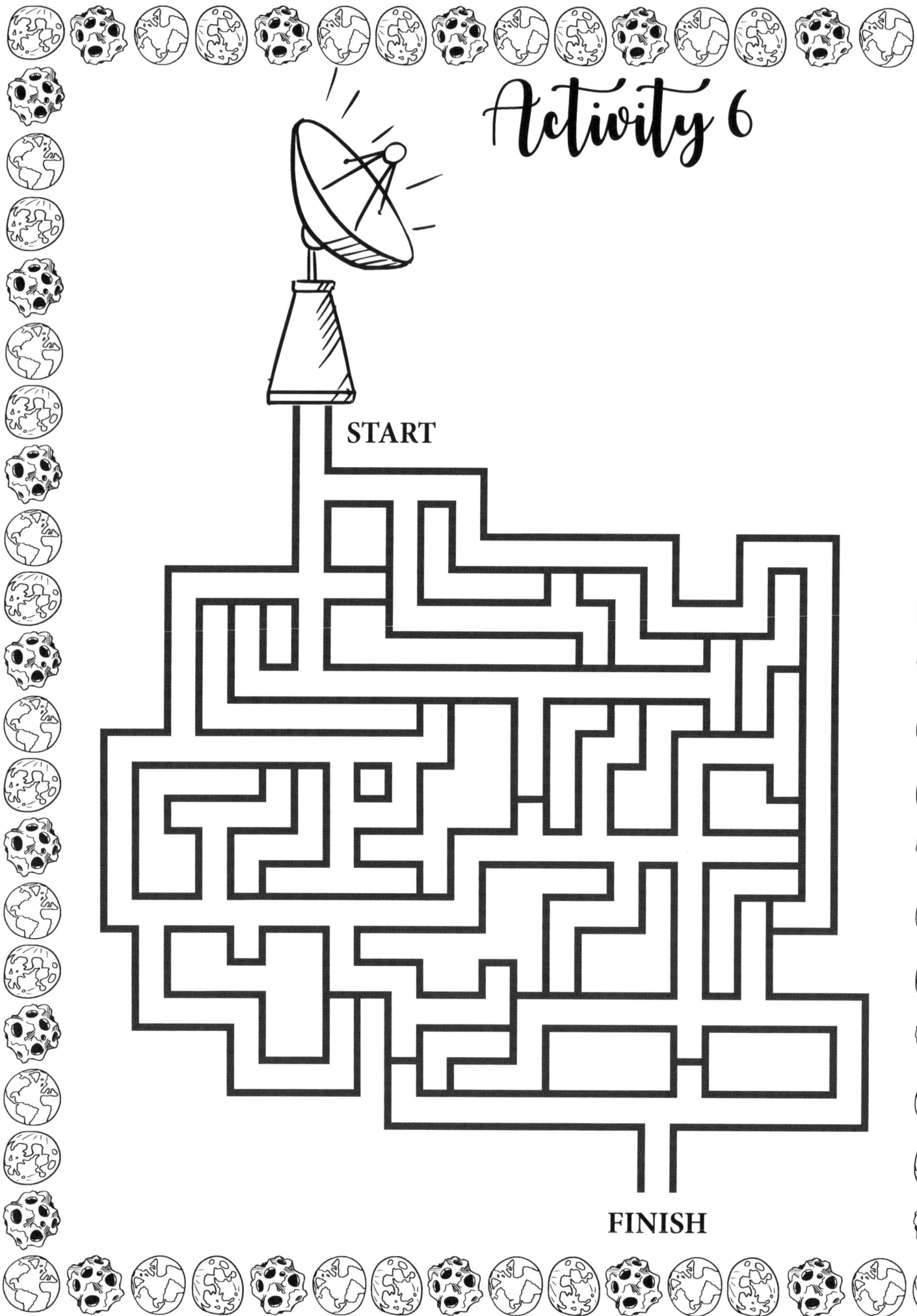

Activity 6

START

FINISH

Activity 7

START

FINISH

Activity 8

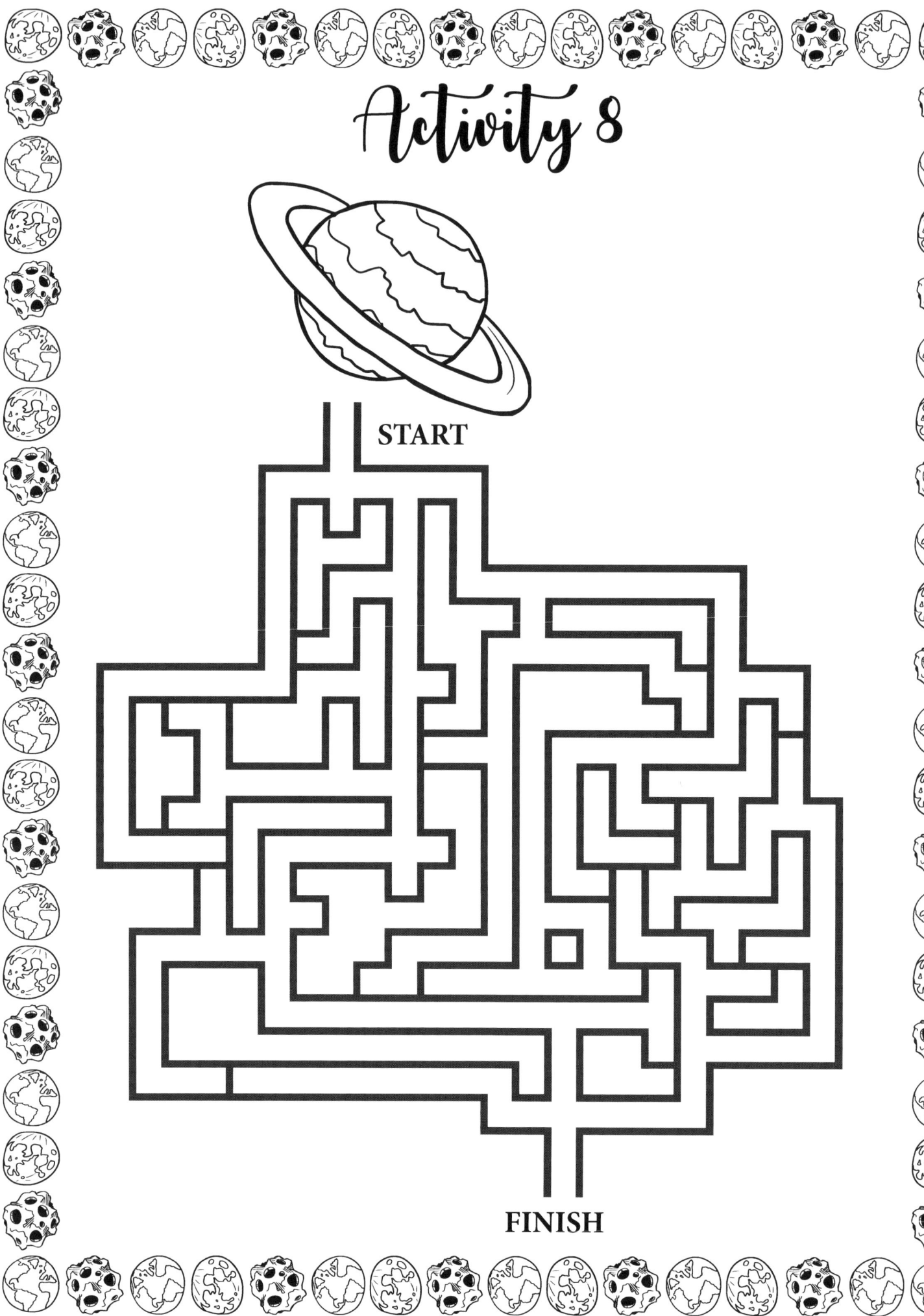

START

FINISH

Activity 9

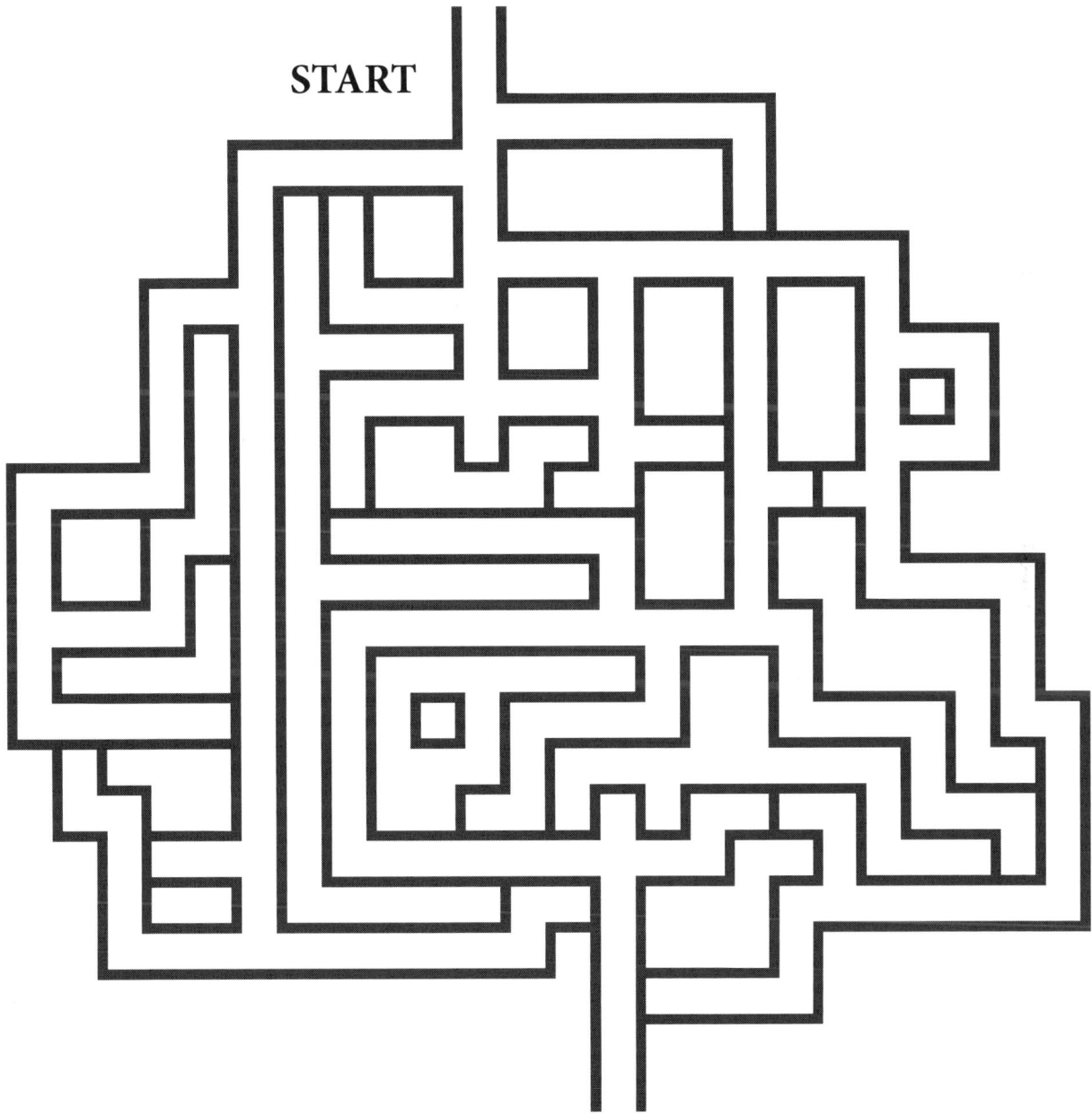

START

FINISH

Activity 10

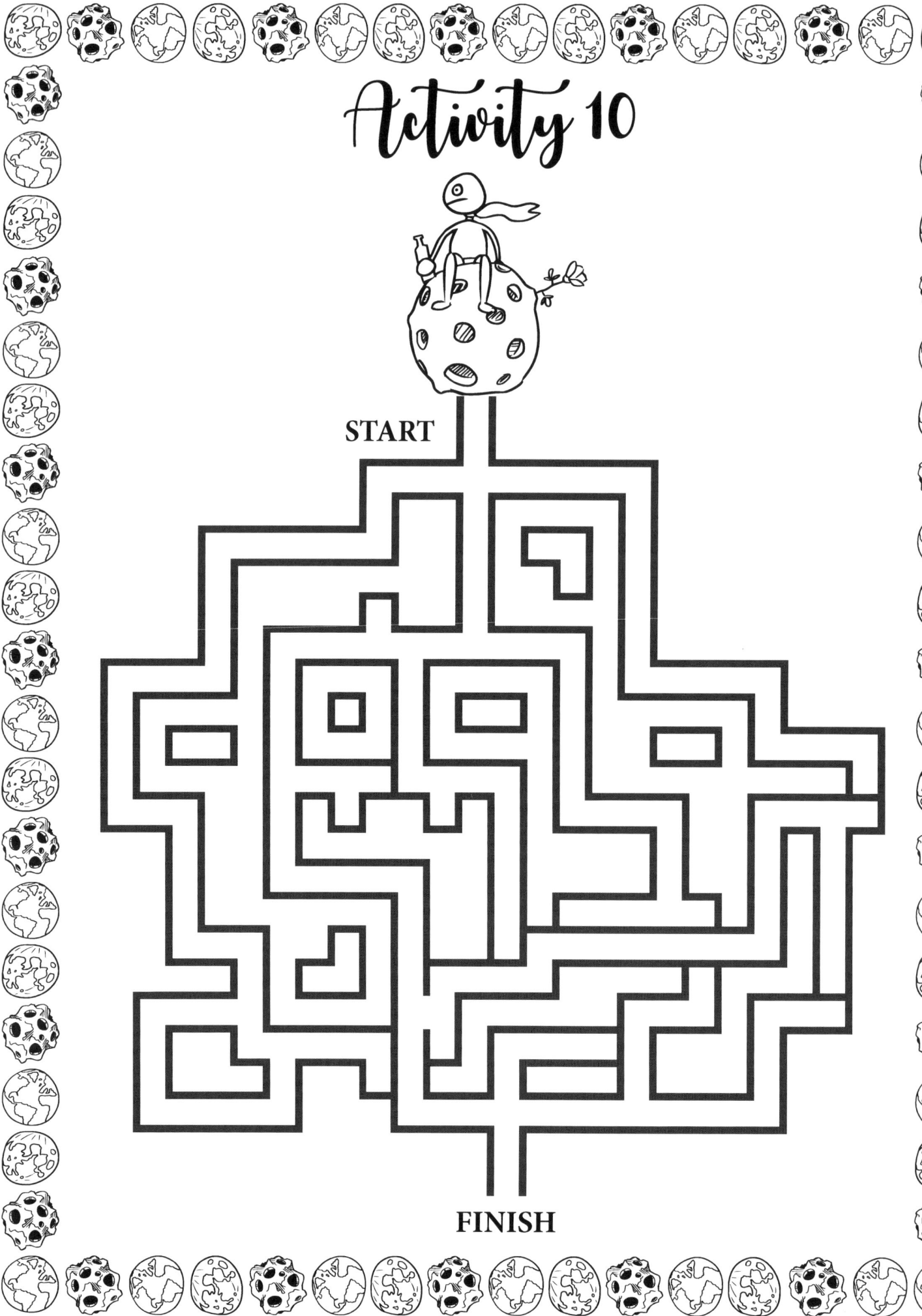

START

FINISH

Activity 11

START

FINISH

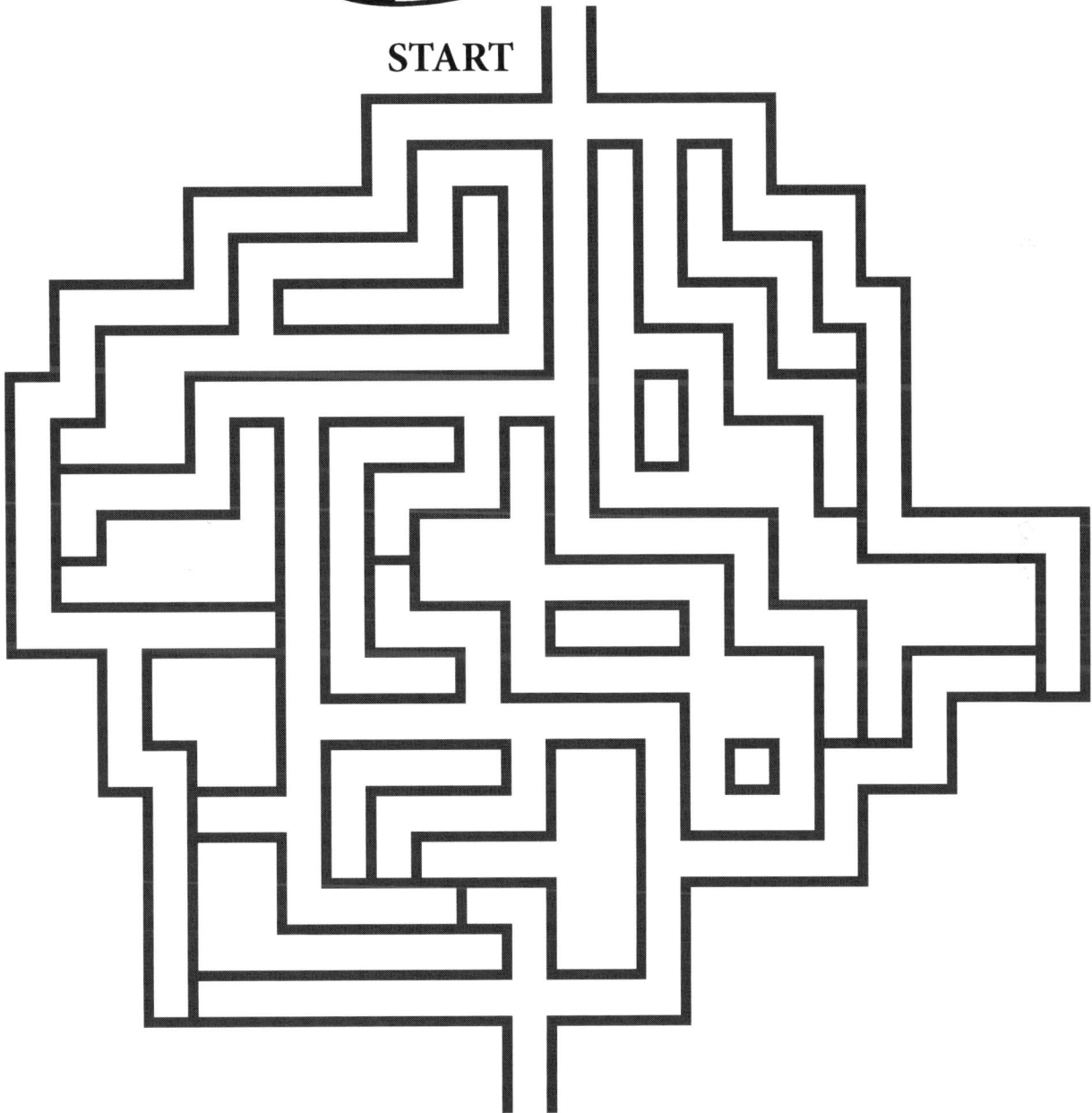

Activity 12

START

FINISH

Activity 13

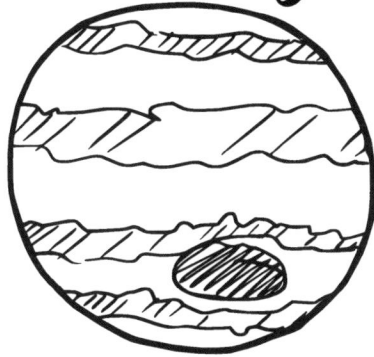

START

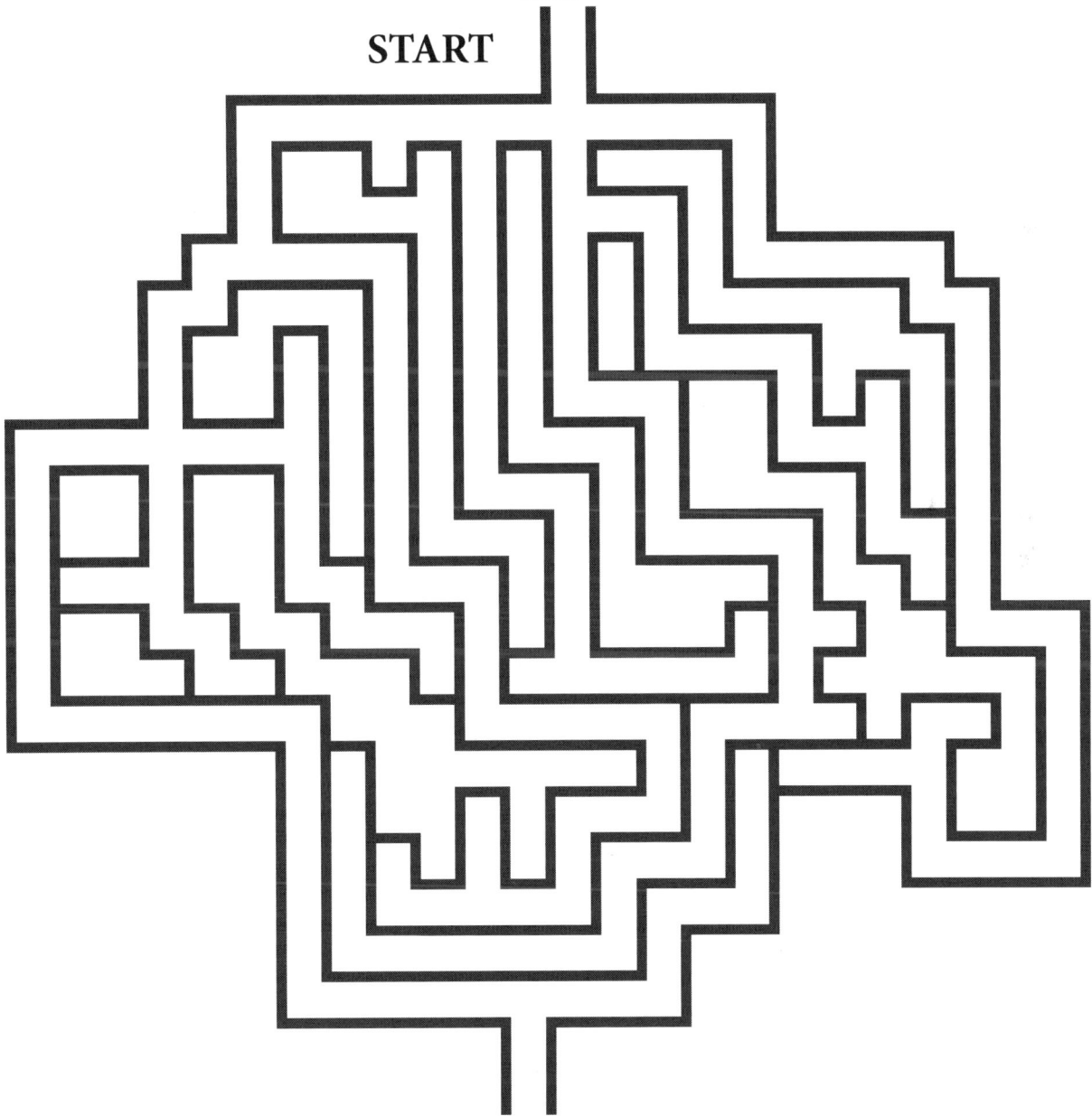

FINISH

Activity 14

START

FINISH

Activity 15

START

FINISH

Activity 16

START

FINISH

Activity 17

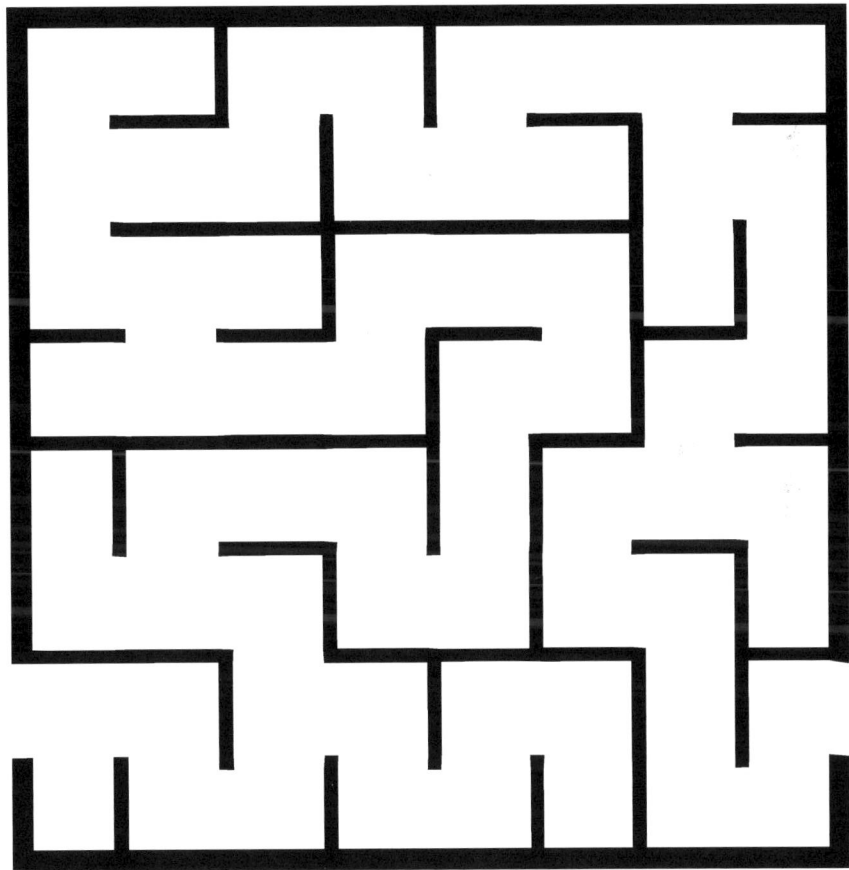

START   **FINISH**

Activity 18

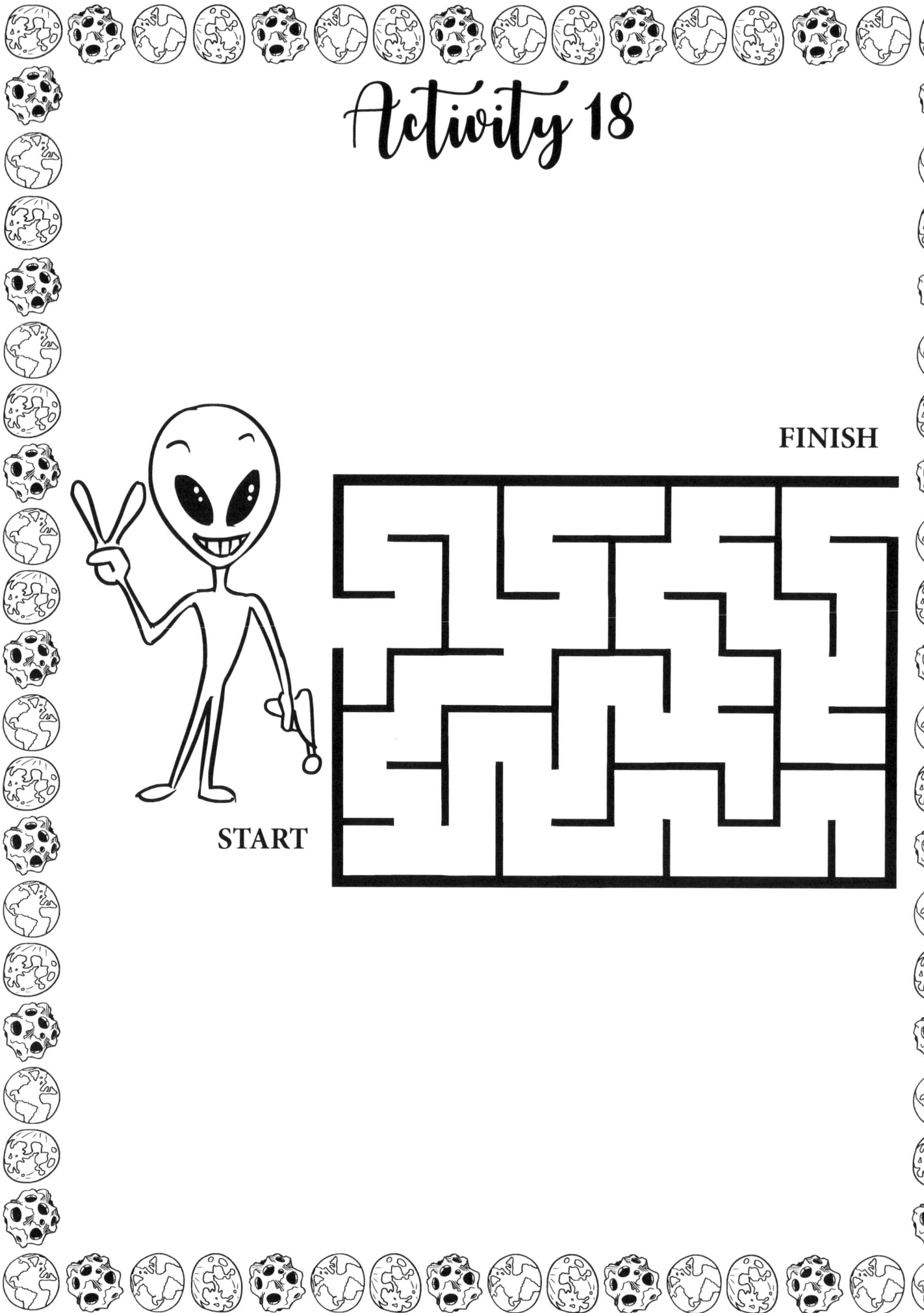

FINISH

START

Activity 19

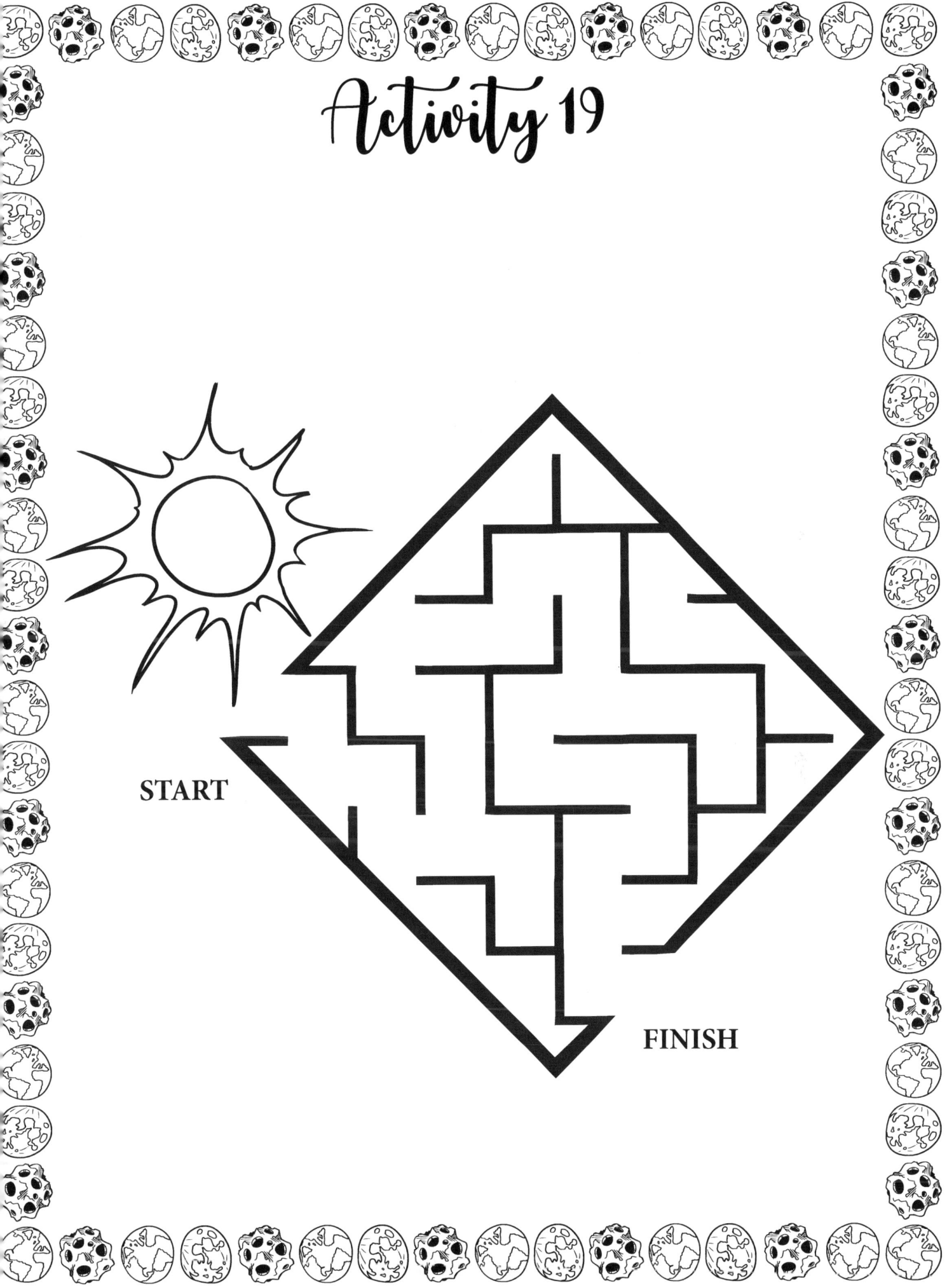

START

FINISH

Activity 20

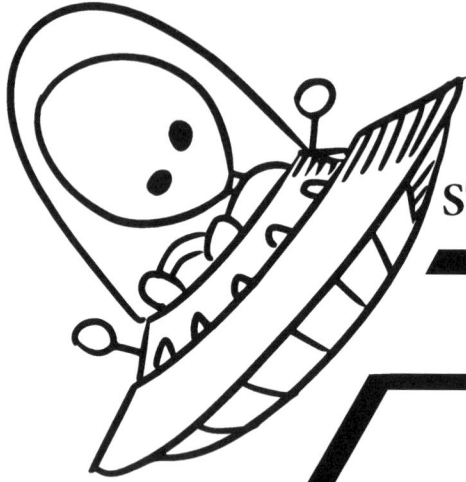

START

FINISH

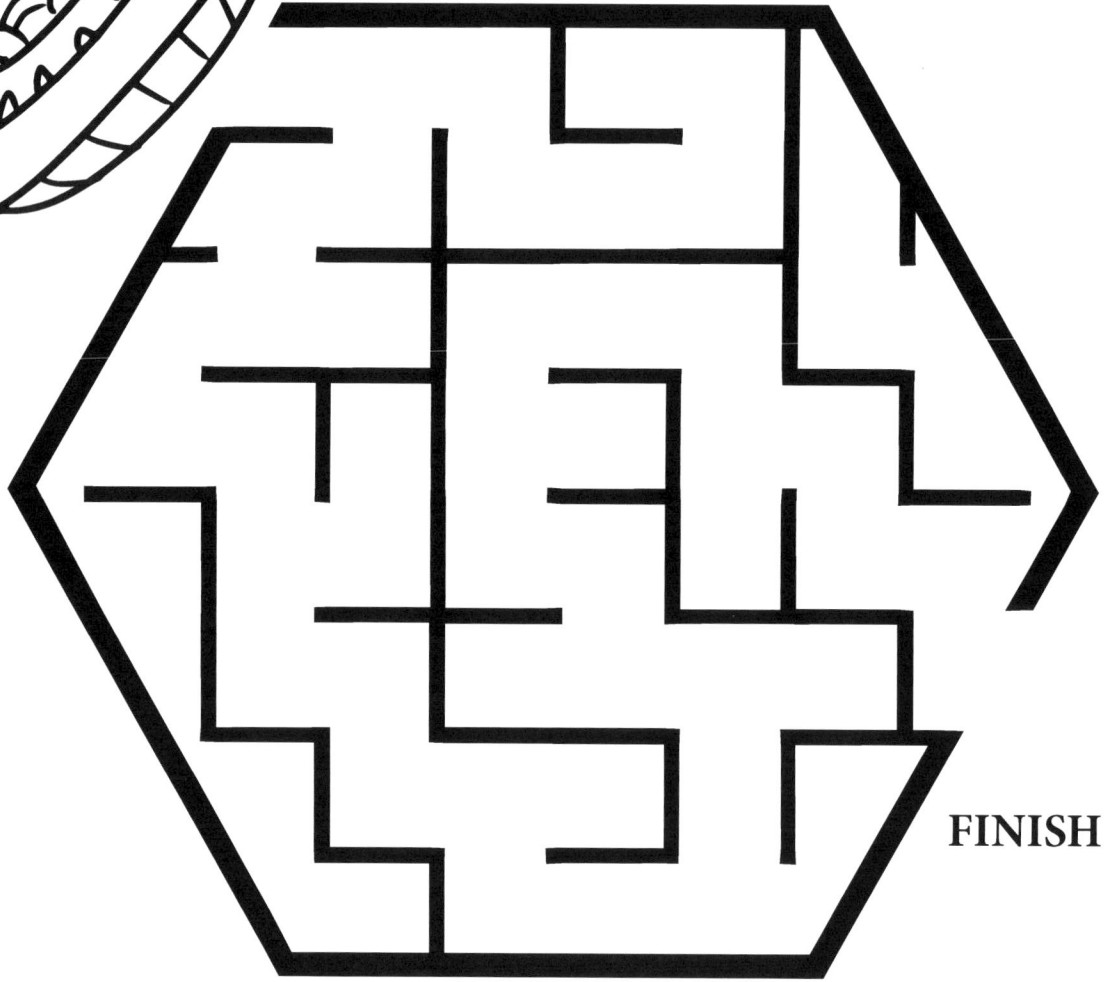

Activity 21

START

FINISH

Activity 22

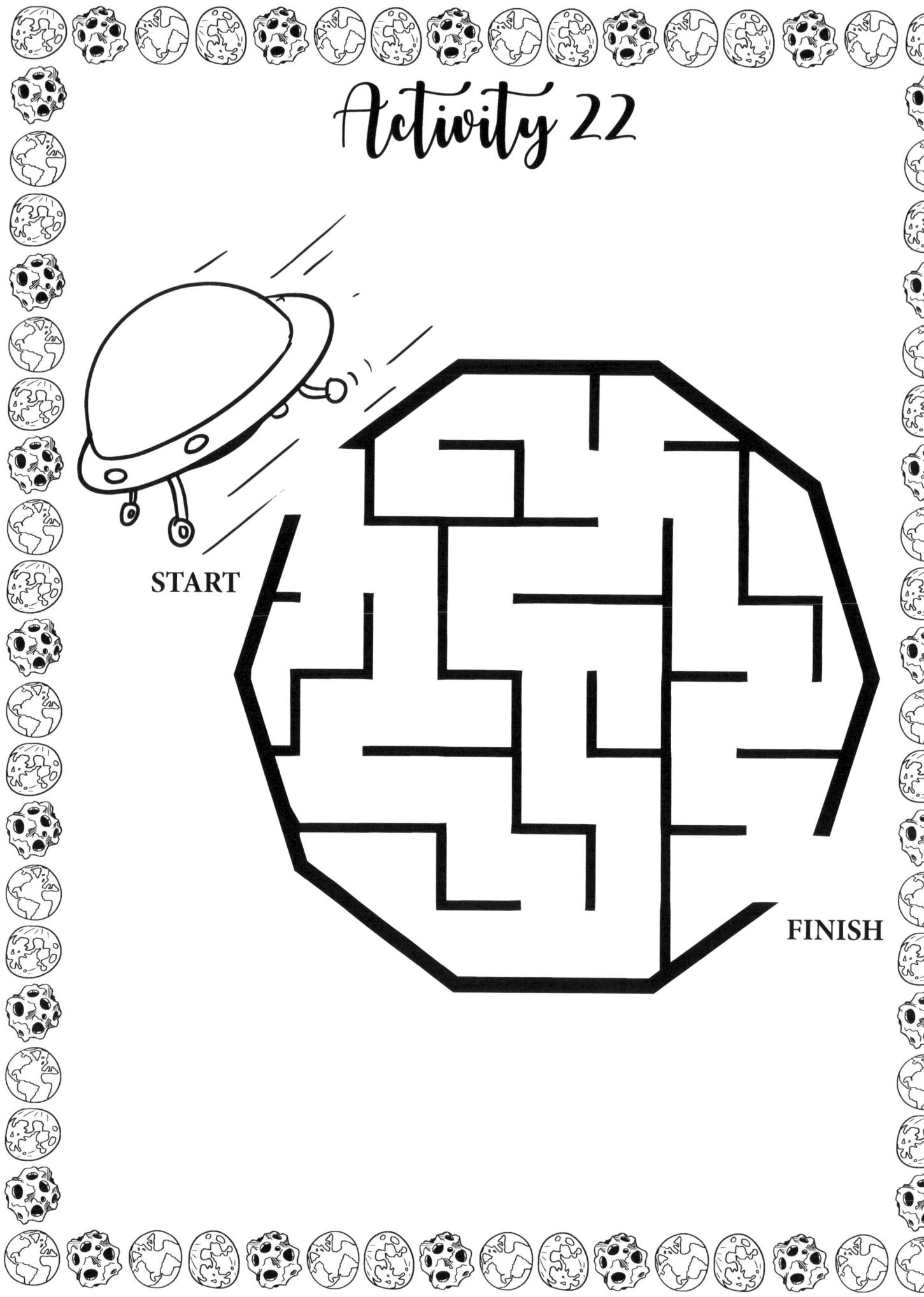

START

FINISH

Activity 23

FINISH

START

Activity 24

START

FINISH

Activity 25

START

FINISH

Activity 26

START   FINISH

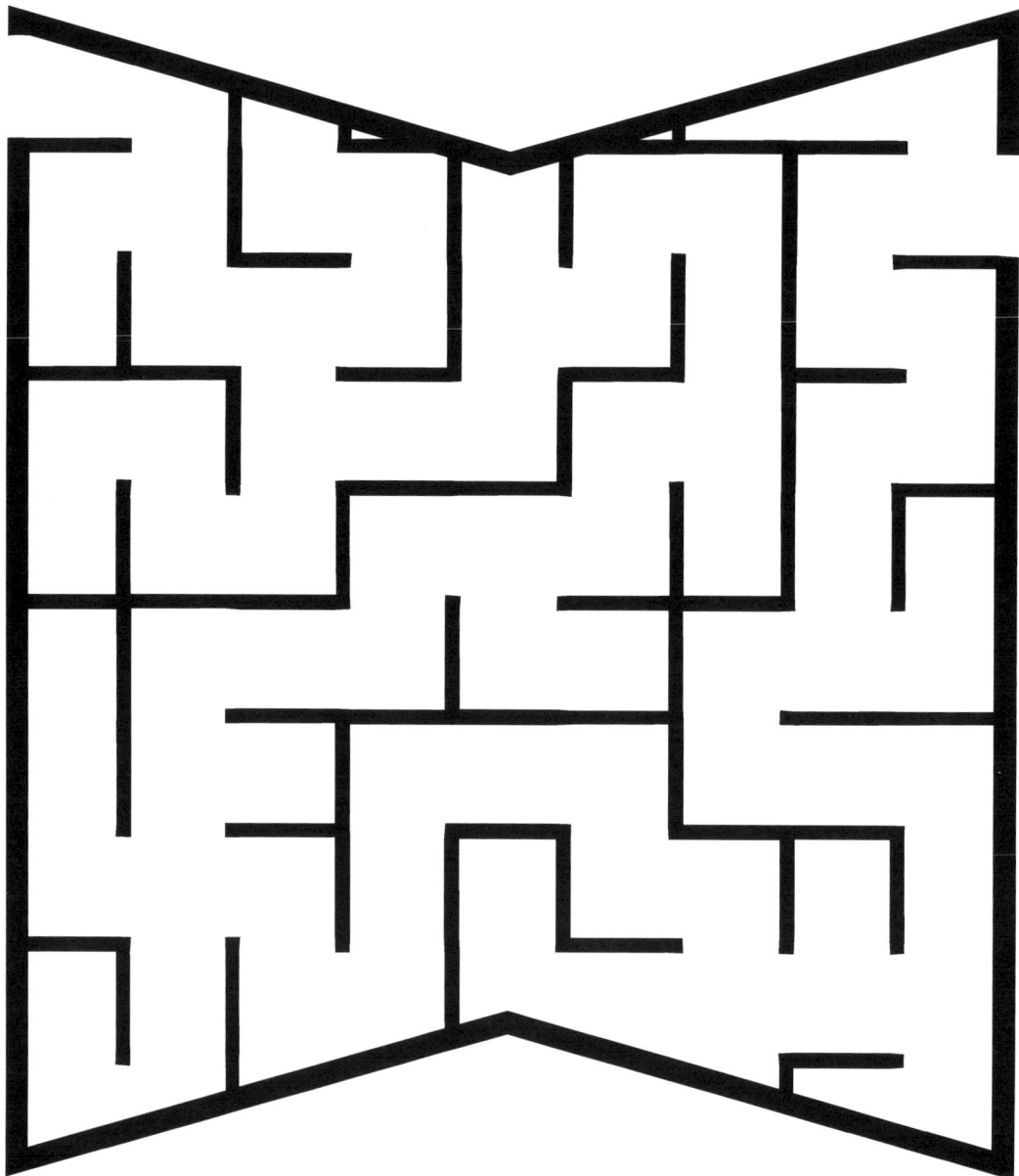

Activity 27

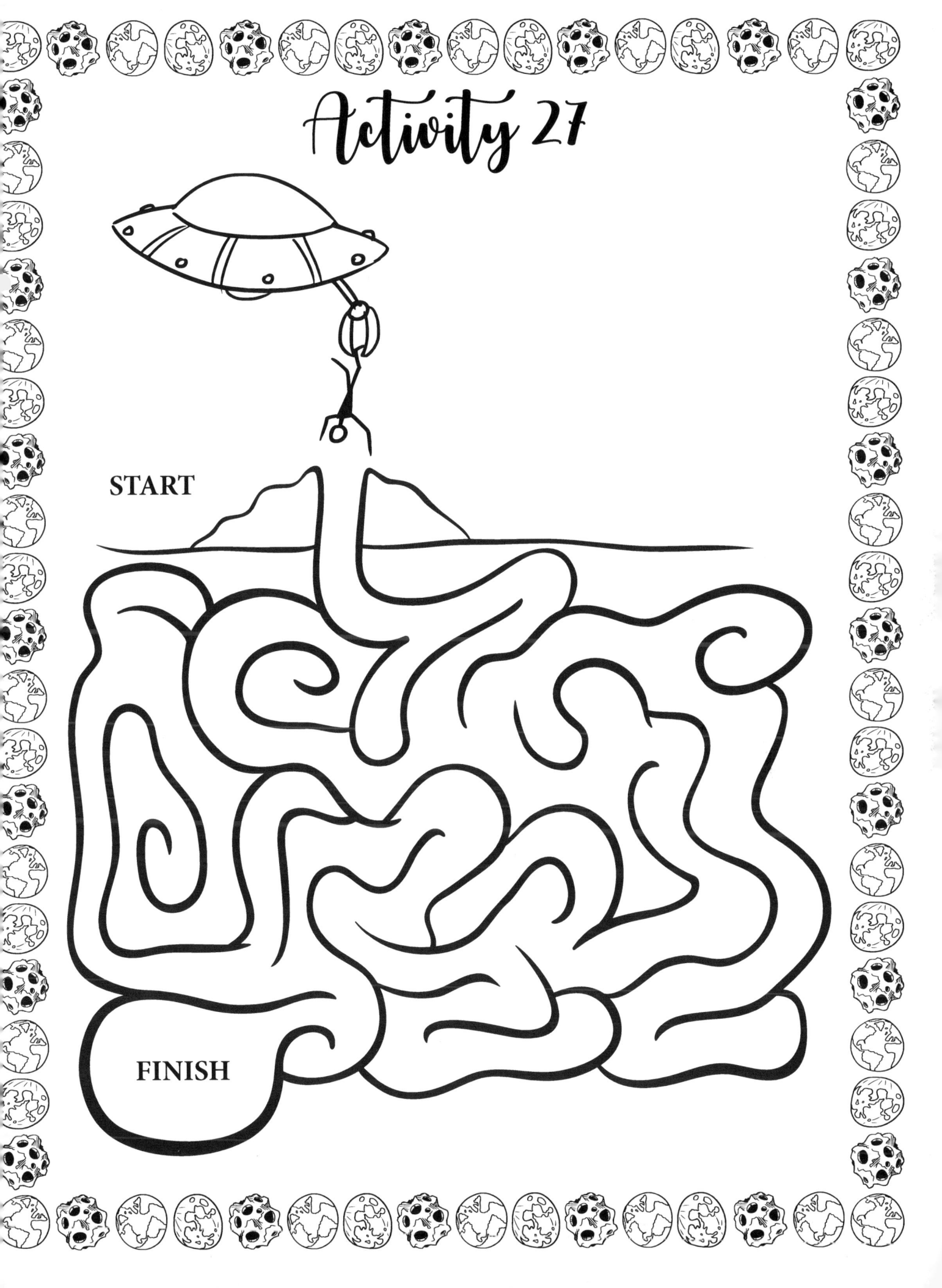

START

FINISH

Activity 28

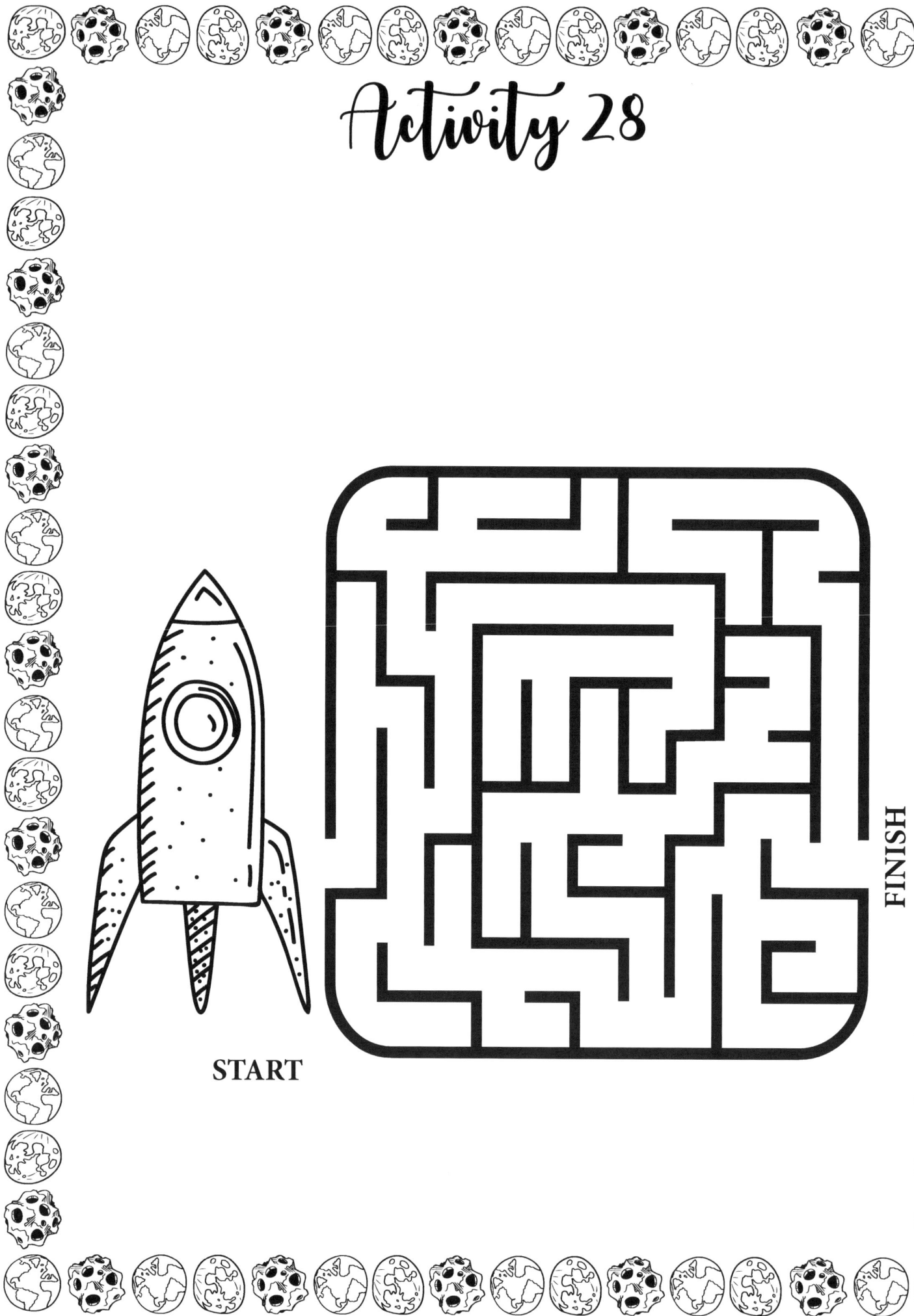

START

FINISH

Activity 29

FINISH

START

Activity 30

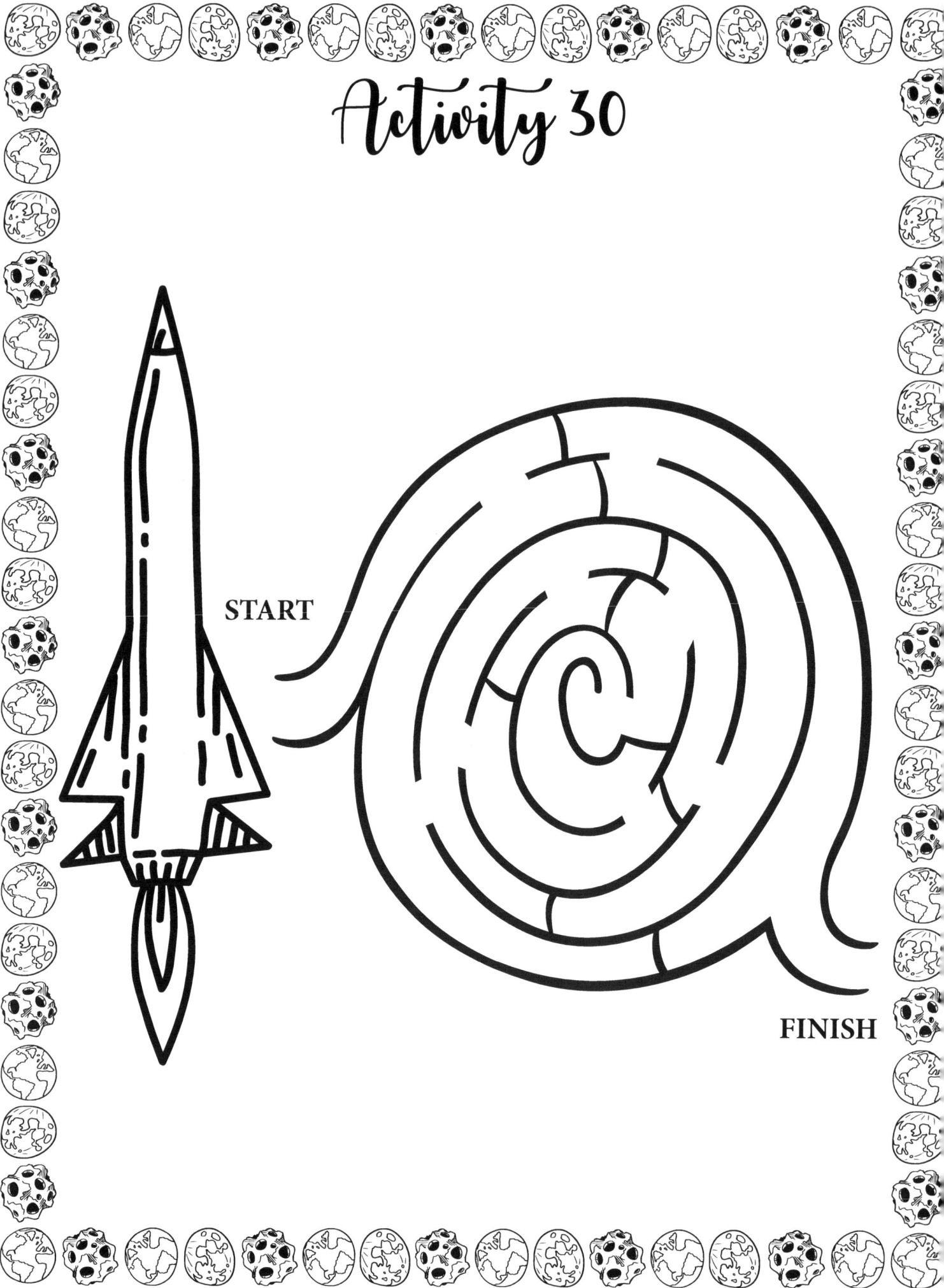

START

FINISH

Activity 31

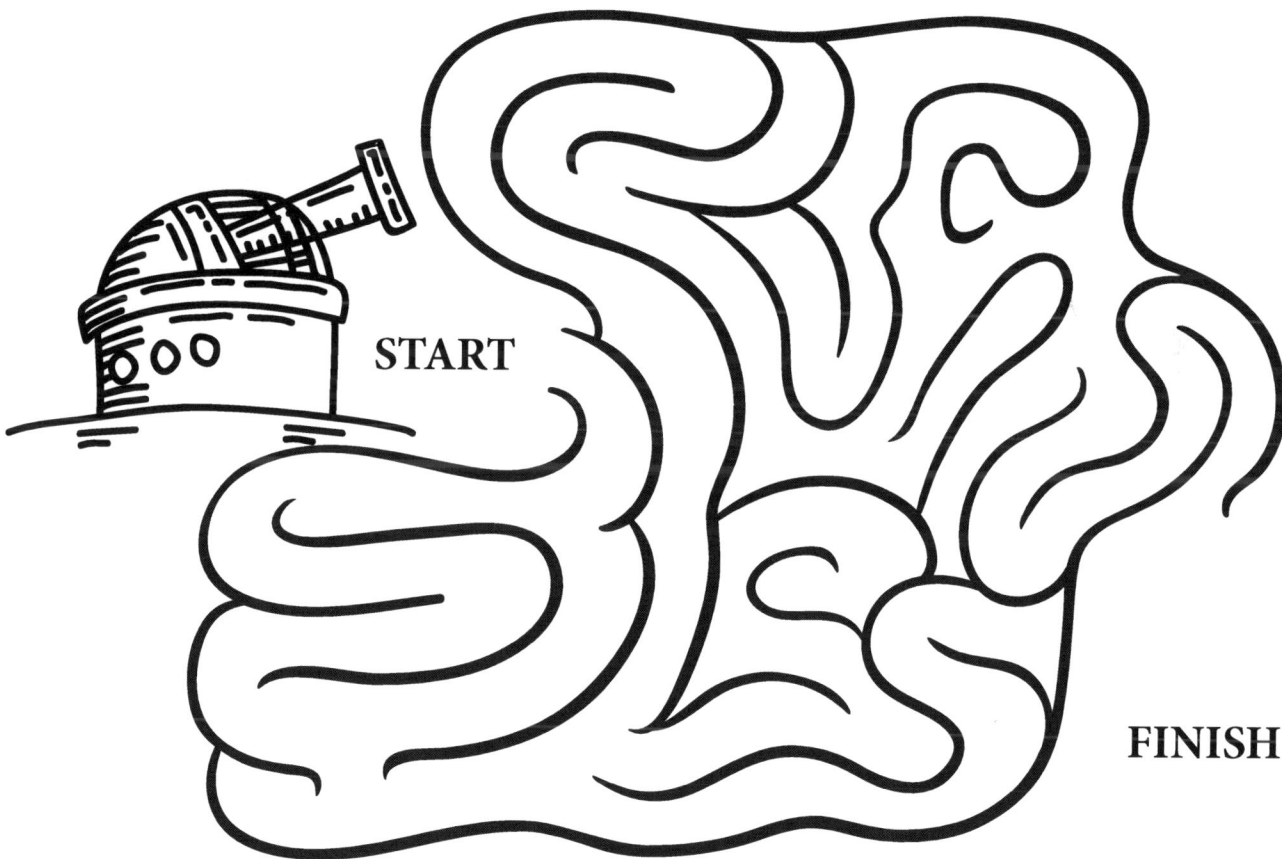

START

FINISH

Activity 32

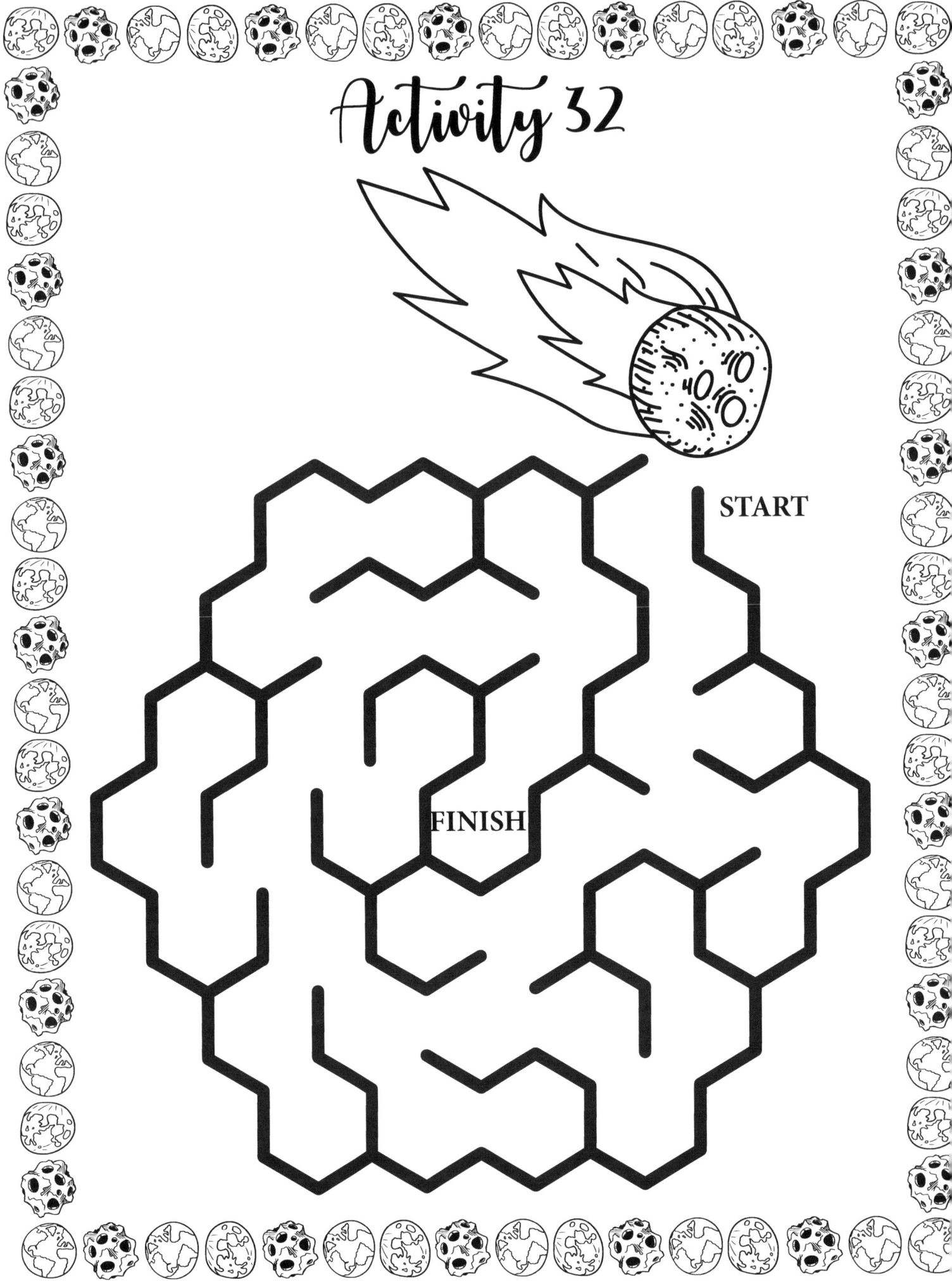

START

FINISH

Activity 33

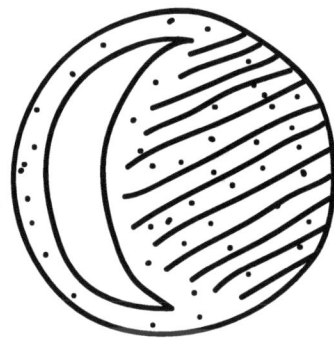

START

FINISH

Activity 34

START

FINISH

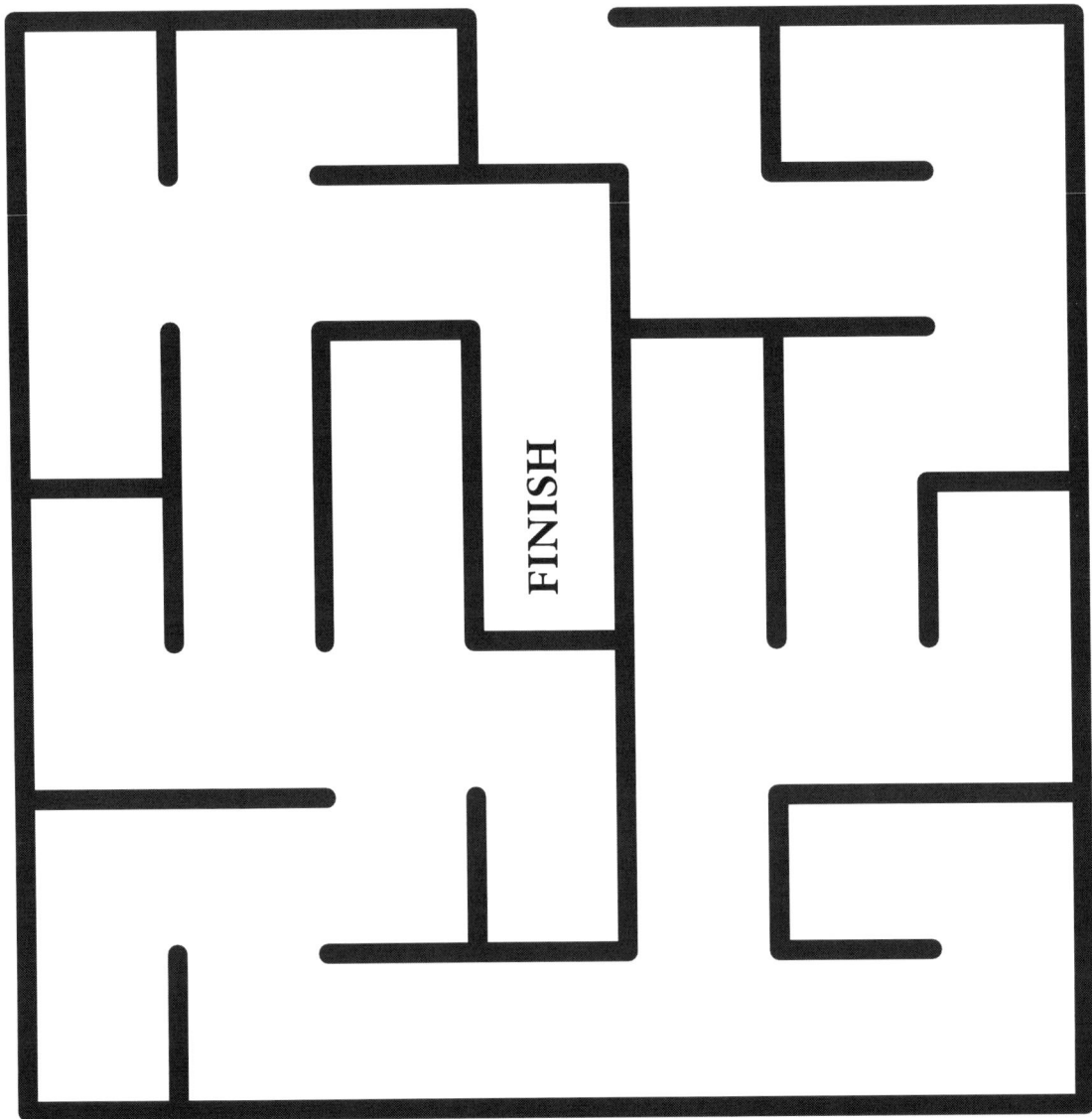

Activity 35

START

FINISH

Activity 36

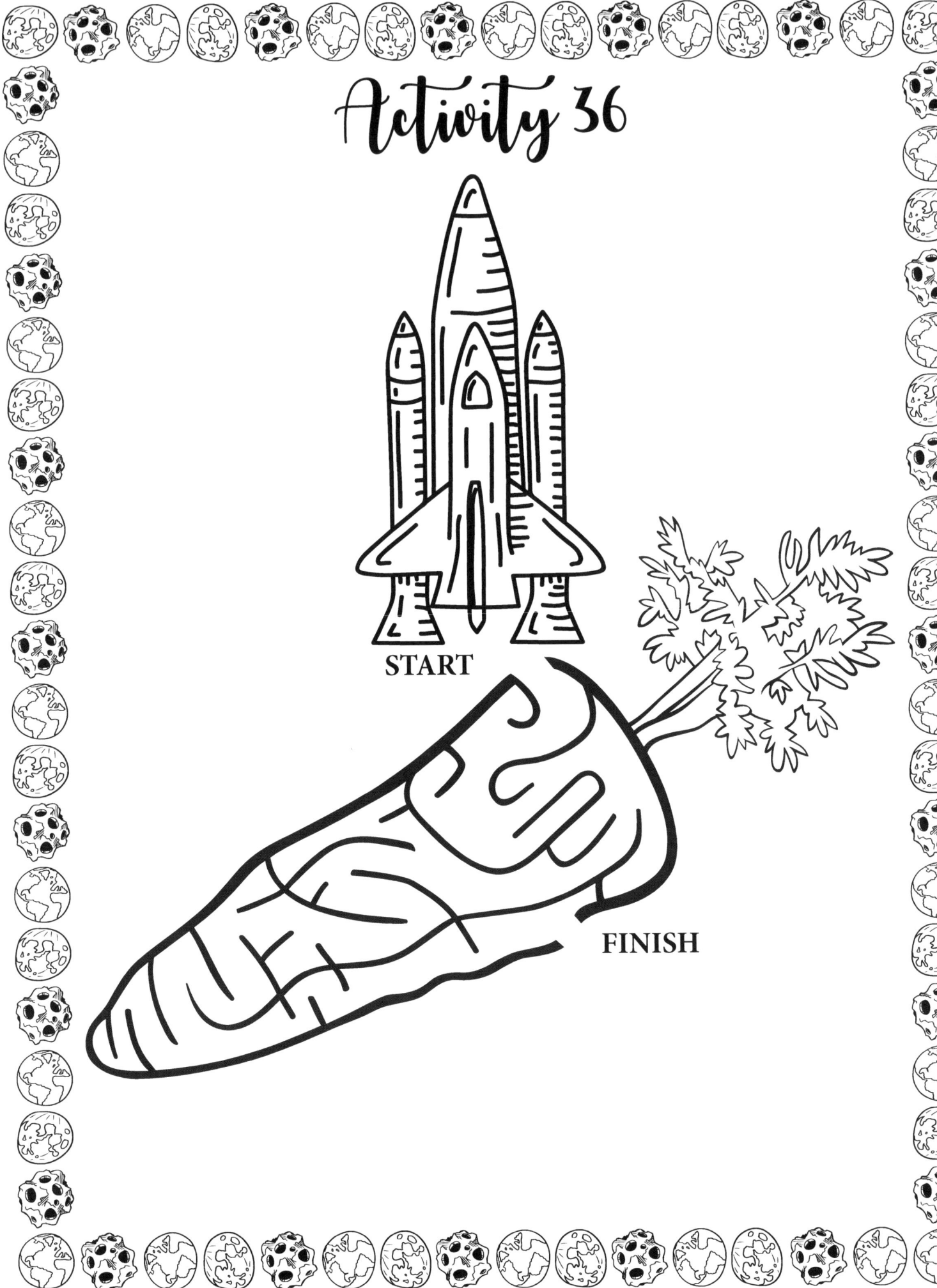

START

FINISH

Activity 37

START

FINISH

Activity 38

START

FINISH

Activity 39

START

FINISH

Activity 40

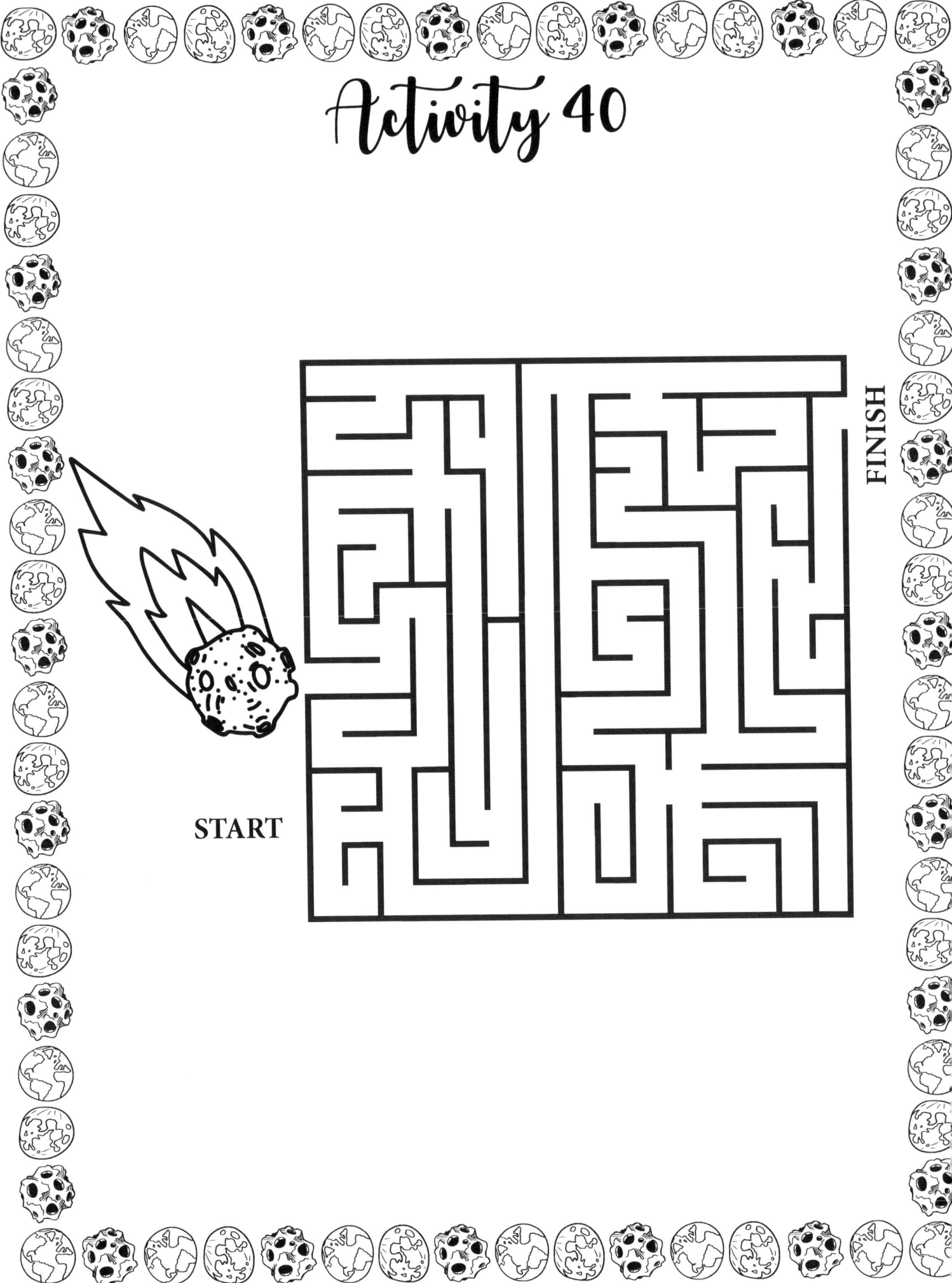

START

FINISH

START

Activity 1

FINISH

START

Activity 2

FINISH

START

Activity 3

FINISH

START

Activity 4

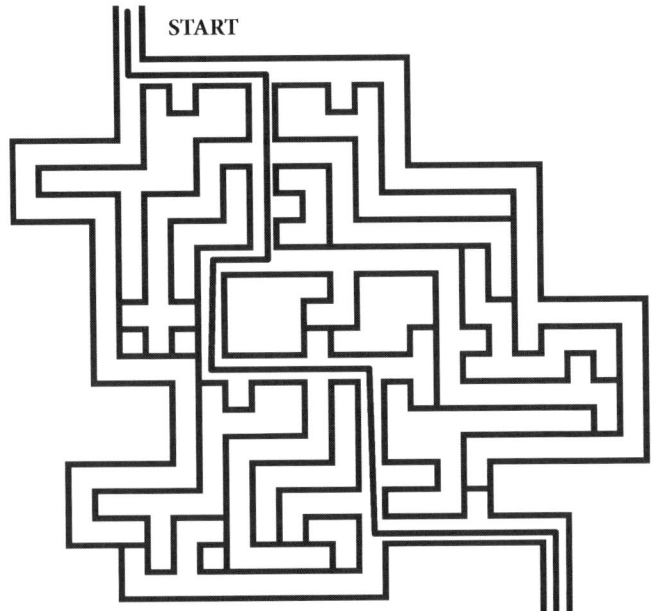

FINISH

START

FINISH

Activity 5

Activity 6

START

FINISH

START

FINISH

Activity 7

START

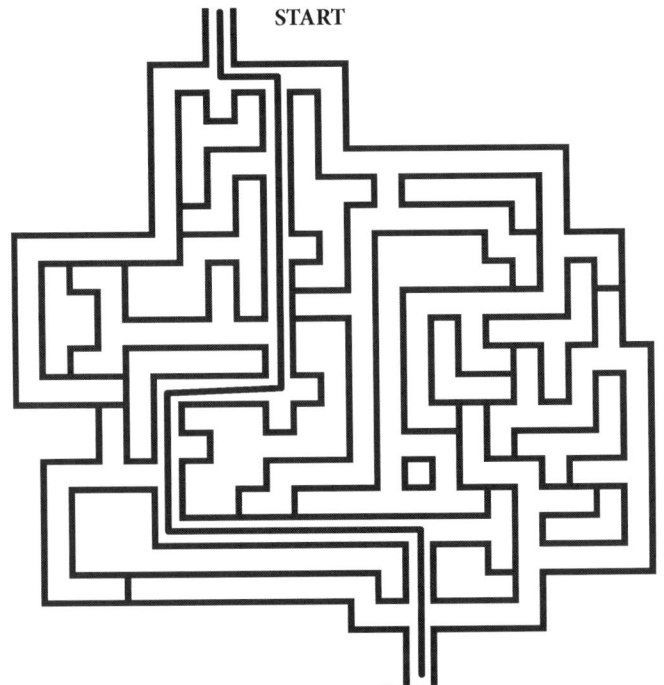

FINISH

Activity 8

START

FINISH

Activity 9

START

FINISH

Activity 10

START

FINISH

Activity 11

START

Activity 12

FINISH

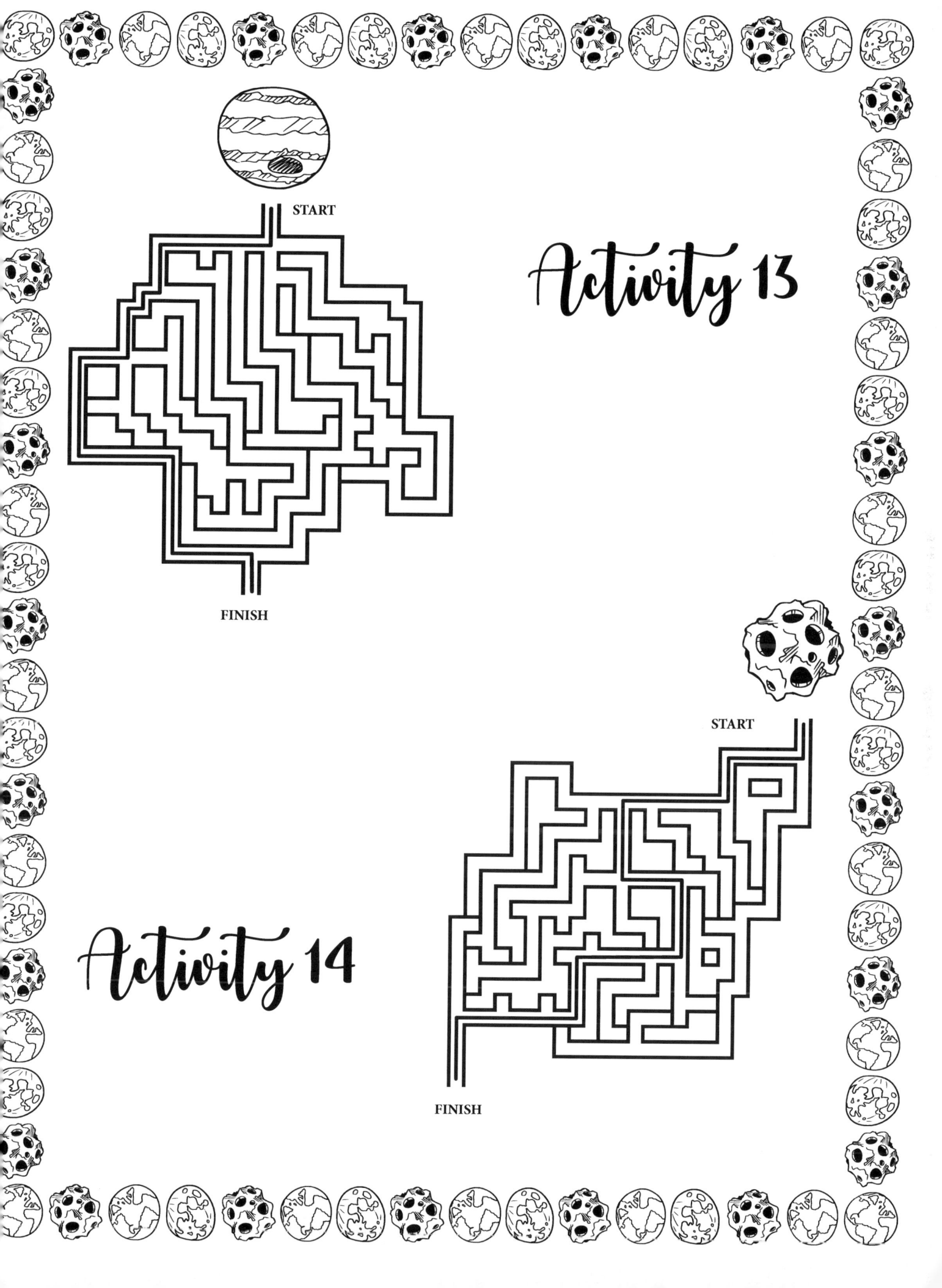

START

Activity 13

FINISH

Activity 14

START

FINISH

START

Activity 15

FINISH

START

Activity 16

FINISH

Activity 17

START

FINISH

Activity 18

START

FINISH

START

FINISH

Activity 19

Activity 20

START

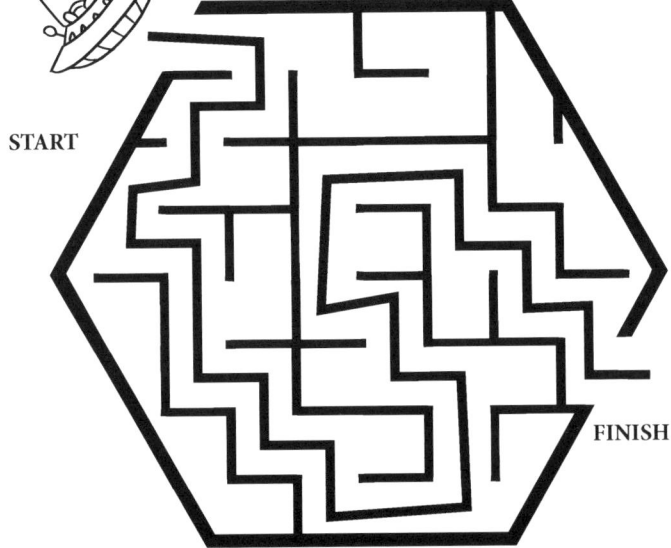

FINISH

Activity 21

FINISH

START

Activity 22

START

FINISH

FINISH

Activity 23

START

START

FINISH

Activity 24

START

FINISH

Activity 25

Activity 26

START

FINISH

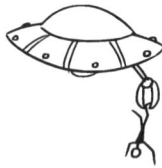

START

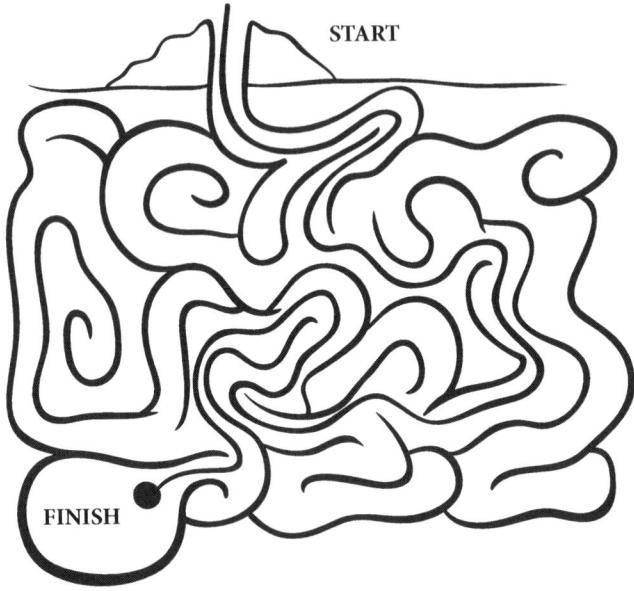

FINISH

Activity 27

Activity 28

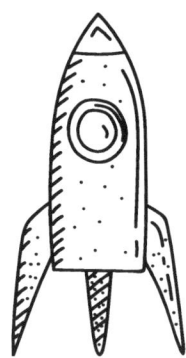

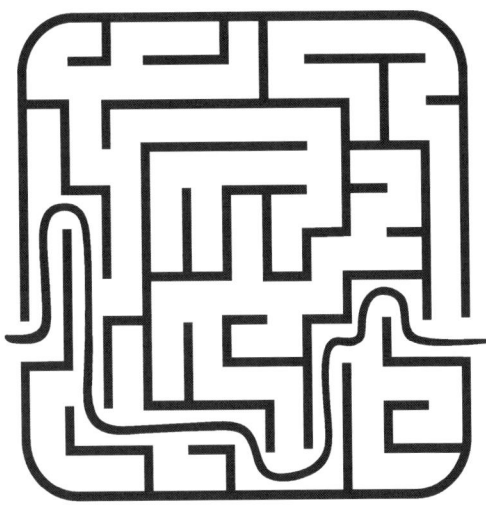

START

FINISH

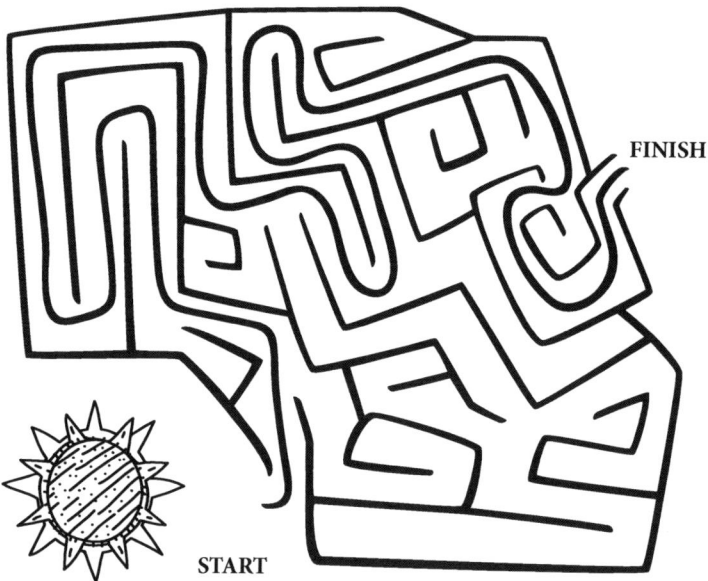

FINISH

START

Activity 29

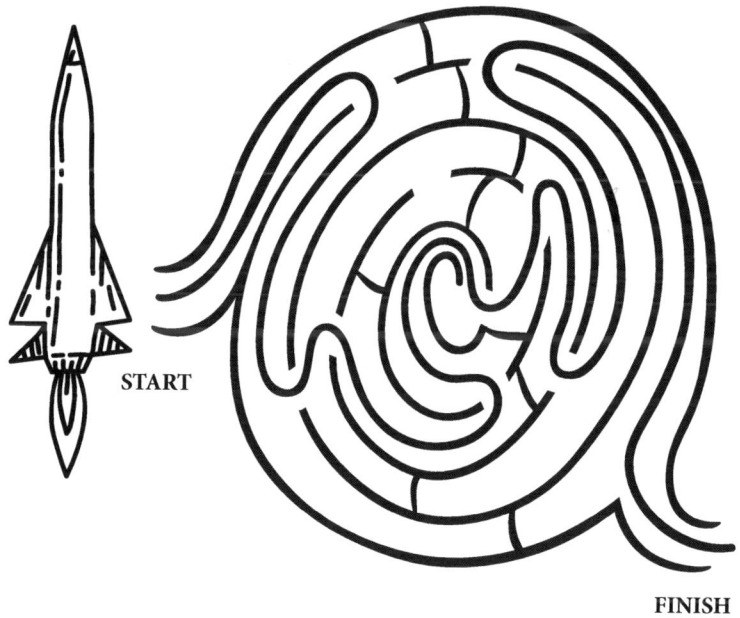

START

FINISH

Activity 30

Activity 31

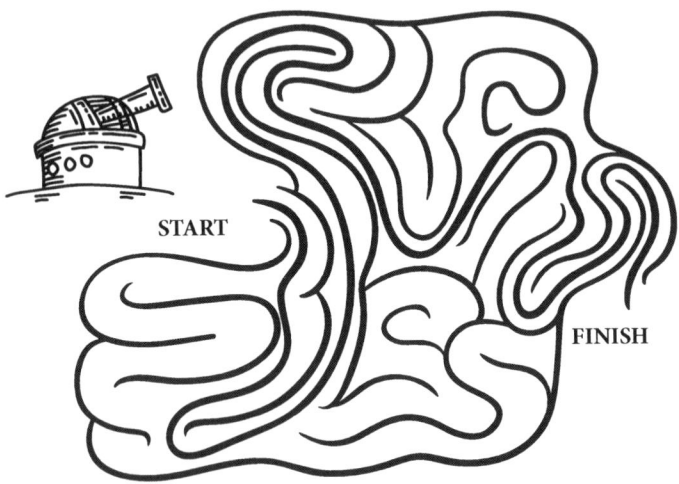

START

FINISH

Activity 32

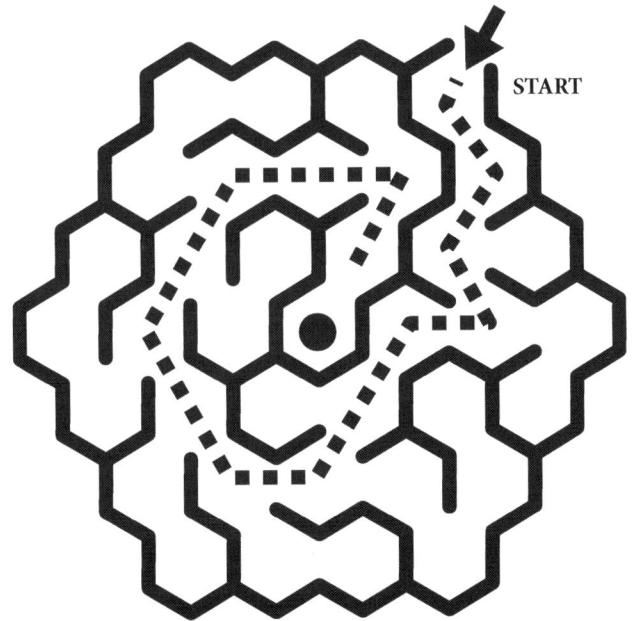

START

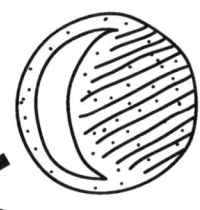

Activity 33

FINISH

START

Activity 34

START

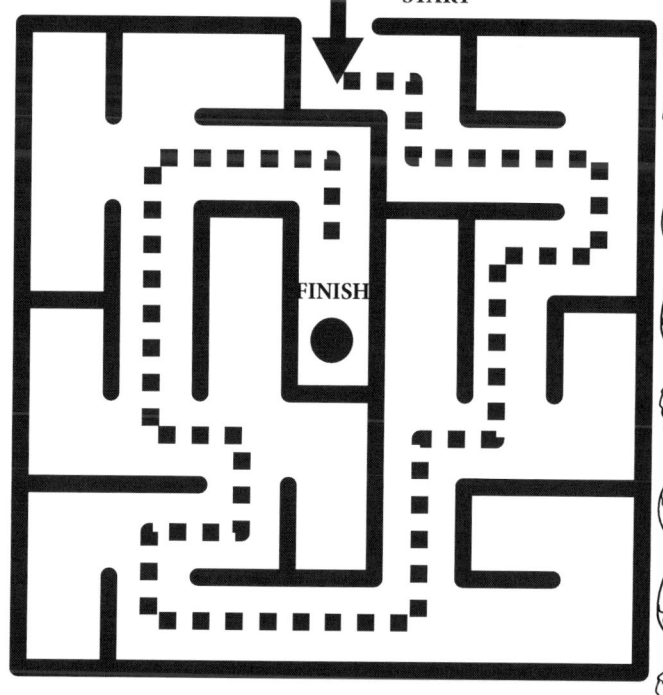

FINISH

START

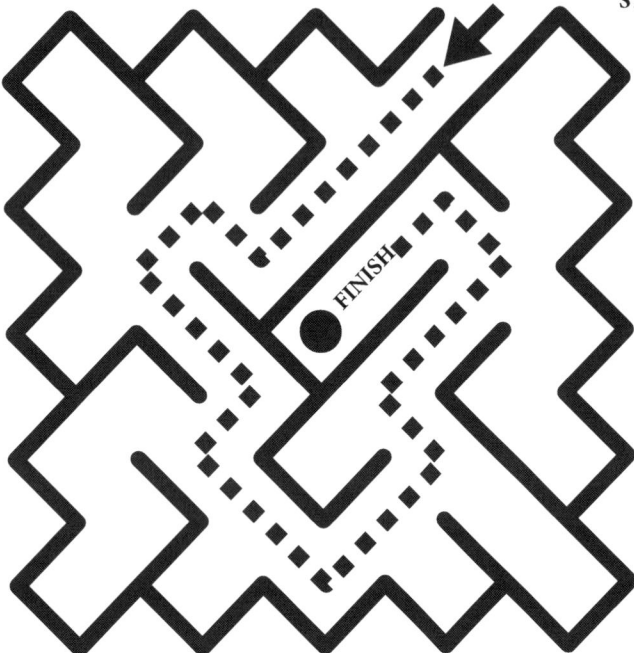

FINISH

Activity 35

Activity 36

START

FINISH

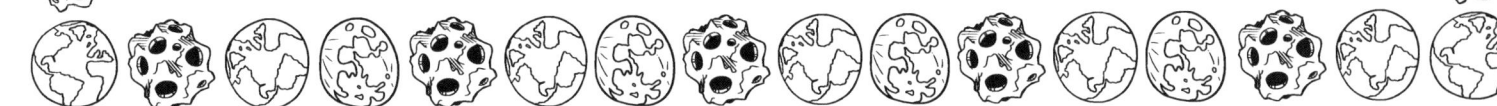

START

FINISH

Activity 37

Activity 38

FINISH

START

START

FINISH

Activity 39

Activity 40

START

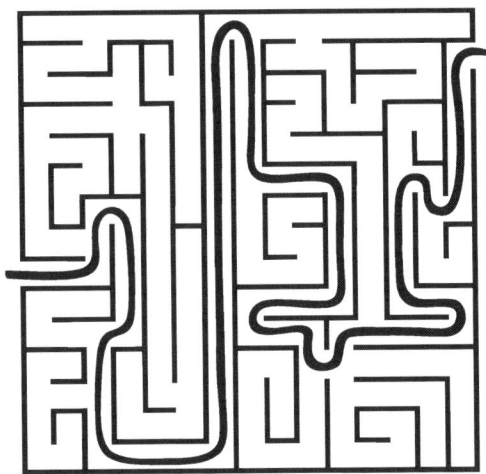

FINISH

14147447R00035

Made in the USA
Lexington, KY
04 November 2018